TUSHUO DIANWANG ANQUAN SHENGCHAN FANWEIZHANG GUANLI SANGE SHITIAO

图说电网安全生产反违章管理

三个“十条”

国网陕西省电力公司榆林供电公司 编

中国电力出版社
CHINA ELECTRIC POWER PRESS

图书在版编目（CIP）数据

图说电网安全生产反违章管理三个“十条” / 国网陕西省电力公司榆林供电公司编 . —北京 : 中国电力出版社 , 2018.12（2019.8 重印）
ISBN 978-7-5198-2771-7

Ⅰ . ①图… Ⅱ . ①国… Ⅲ . ①电力工程－工程施工－安全管理－图解 Ⅳ . ① TM7-64

中国版本图书馆 CIP 数据核字 (2018) 第 285433 号

出版发行：中国电力出版社
地　　址：北京市东城区北京站西街 19 号（邮政编码 100005）
网　　址：http://www.cepp.sgcc.com.cn
责任编辑：薛　红（010-63412346）
责任校对：黄　蓓　郝军燕
装帧设计：张俊霞
责任印制：石　雷

印　刷：三河市万龙印装有限公司
版　次：2018 年 12 月第一版
印　次：2019 年 8 月北京第二次印刷
开　本：880 毫米 ×1230 毫米 32 开本
印　张：2.875
字　数：62 千字
印　数：3001—5000 册
定　价：28.00 元

内 容 提 要

为了认真贯彻落实国家电网有限公司提出的安全生产“十不干”的工作要求，全面提高反违章管理工作规范化水平，指导基层单位开展安全生产的监督工作，编制了《图说电网安全生产反违章管理三个“十条”》（简称《管理三十条》）。《管理三十条》共分为7章，包括总则、安全生产反违章工作新机制、安全生产反违章工作新方法，反违章“十条禁令”条文及漫画图解，反违章“十必查”条文、条文解释、漫画图解及案例分析，反违章“十监督”条文、条文解释、漫画图解及案例分析，反违章“十必查”“十监督”两种查违方法适用范围等。

本书结合现场反违章工作实际，收录典型案例20个，并进行了深刻地剖析。

本书可供电力系统各专业从事监督检查的工作人员和管理人员学习使用，也可作为基层一线班组人员现场作业前准备的指导性安全培训教材。

编 委 会

序

新时代、新征程、新呼唤，党中央、国务院更加高度重视安全生产工作，以习近平同志为核心的党中央把安全生产摆在前所未有的突出位置。“人命关天，发展决不能以牺牲人的生命为代价，这必须作为一条不可逾越的红线。安全生产必须警钟长鸣、常抓不懈，丝毫放松不得。安全生产做到‘全覆盖、零容忍、严执法、重实效’。要做到‘一厂出事故、万厂受教育，一地有隐患、全国受警示’。血的教训极其深刻，必须牢牢记取”等一系列指示，告诫我们必须不忘初心、牢记使命，牢记嘱托，履行人民电业为人民的宗旨、满足人民美好生活需要，牢牢扛起政治责任、经济责任和社会责任。

长期以来，国网陕西省电力公司榆林供电公司（简称公司）高度重视安全生产中的反违章工作，坚持“反违章、除隐患”两个抓手，两手抓两手硬，用壮士断腕的勇气和抓铁有痕的决心，推进安全管理工作，通过不断纠正人的不安全行为、消除物的不安全状态、管住环境的不安全因素、堵住安全管理的漏洞，实现了公司员工身心健康、家庭美满幸福，让员工在安全生产中获得幸福感，实现了公司 5800 多天的长周期安全生产，企业和员工实现了双赢。

当前，电网人正满怀豪情建设新时代、服务新时代，建设具有全球竞争力的世界一流企业，在推进新的伟大征程中体现新担当、实现新作为。要实现目标，确保安全是最重要的前提和基础。为了进一步提高反违章工作的管理水平，公司结合工作实际，编制了《图说电网安全生产反违章管理三个“十条”》，明确了新时代安全监督管理的新思想、开展提前静态检查预防违章的新思路、采取互联网 +4G 远程视屏监控动态查违纠违的新手段、开展人人都是监督员安全值周的新模式、采取违章积分制红黄警告的新方法、编制违章视屏广而告之的新方式等。同时结合具体实际案例，深刻剖析了违章带来的后果，图文并茂直观易懂，提升了员工识违、查违、纠违的能力，丰富和方便了反违章工作内容，消除了查和被查的矛盾隔阂，提高了检查人员督查工作的水平。

本书旨在通过反违章中的新思想、新方法，进一步提高主动反违章、科学反违章、人人反违章的认识，切实把反违章做实、做细，不断夯实安全生产管理的基础，推进企业本质安全生产建设。

2018 年 10 月于榆林

前 言

深化反违章、禁事故、保安全活动，建立健全安全生产的反违章科学、长效机制，是夯实安全生产基础、压紧压实安全责任的重要任务。

长期以来，电网企业高度重视安全生产工作，在反违章治理领域，积极探索，已经形成从电网规划、施工建设、运行检修、应急抢险等各环节、各方面的反违章的一系列举措，有力地保障了安全生产工作。

为了进一步系统、主动、科学的持续性开展反违章工作，国网陕西省电力公司榆林供电公司积极探索，编制了《图说电网安全生产反违章管理三个“十条”》(简称《管理三十条》)。《管理三十条》主要编制了安全生产反违章工作三十条管理监督机制，明确了在安全生产反违章工作中，建立协同监督纪委问责机制、建立把反违章生产现场当做“三亮三比”主战场的党建监督机制、建立违章中“十不干”说清楚机制、建立反违章约谈机制、建立违章的双考核机制；提出了提前开展工作前的静态检查违章方法、工作中互联网 +4G 远程视屏监控动态查违方法、工作中人人都是监督员（每周抽调安全值周人员开展现场查违方法）、违章后违章积分制红黄警告方法、编制违章视屏广而告之方法，突出开展“两个关键”（关键少数人、关键环节）的责任落实。《管理三十条》突出现场的三十条管理监督的牵头作用，通过监督把控事前、事中、事后，围绕三十条进行条文解释说明、编制漫画图片、编辑事故案例。全书内容丰富，图文并茂，对安全生产反违章管理，有很强的指导性和实用性。

本书中的案例分析，只是为总结经验，配合说明三十条监督的重要性，没有针对任何电网或者电网建设企业，仅作为指导和参考，希望能为大家提供更多的启发和借鉴。

谨向提供编写资料的同仁致以深深谢意，同时感谢公司系统相关专业部门的大力支持。

由于编者的业务水平及工作经验所限，书中难免有疏漏或不妥之处，敬请广大读者提出宝贵意见。

编 者

2018 年 12 月

目录

1 总 则

1.1 为了贯彻“安全第一、预防为主、综合治理”的方针，规范电网企业安全生产反违章三十条监督检查工作内容，系统分析和提出了安全生产反违章工作的体制、机制和工作方法，提升公司反违章工作治理的效能水平，确保实现消灭违章。根据国家电网有限公司有关规定及规程，结合实际，制定《图说电网安全生产反违章管理三个“十条”》（简称《管理三十条》）。

1.2 安全生产反违章是电网企业防范各类事故的有力措施和主要内容，按照“人人都是监督员”和“落实关键少数人责任”的原则，创新创效工作机制和体制，从识违、查违、纠违，从规划、设计、物资、建设、运检、调控、营销、通信、消防、交通等领域，从工作任务的计划、勘察、风险评估、施工方案、两票三制、安全措施布置、现场作业、监督检查等环节，全面加强反违章工作。

1.3 违章是事故之源，抓住违章等于推进了安全，反违章必须以主动监督检查为抓手，树立将检查转变为服务和帮助的思想贯穿到监督检查中，监督把控工作前的工作不到位，创新工作中的反违章查处管理方式，规范工作后对于查处的违章责任落地的长效机制建设，实施主动、创新、科学、精细的闭环管控。

1.4 本书适用于电网企业安全生产反违章管理。公司集体企业及其他电网运维单位可参照借鉴。

2 安全生产反违章工作新机制

2.1 建立安全生产反违章工作“双十条”管理监督机制。

各级检查人员现场到位后，对照制定的生产作业、基建施工现场反违章“十必查”、管理人员“十监督”的工作要求，开展“双十条”管理监督检查。将“双十条”的内容模板（详见附录B、附录C）制成规定动作、成熟模板，让任何检查人拿着“双十条”模板就能完成检查和监督工作，把复杂的监督变为人人都会使用的简单监督。十条必查的内容模板，让被检查人、单位对照模板，就能清楚工作准备，工作准备时应该在哪些环节注意，方便做好提前准备工作。

现场检查时使用“十必查”“十监督”检查卡，既是痕迹检查的存据，又是检查人与被检查人交接检查问题的依据。现场检查采取部门轮流值周的方式，值周单位在现场检查时，必须持监督检查卡对工作进行检查。检查完成后，检查人、被检查现场工作负责人双方签字确认、录音。检查完成后，检查人快速将检查卡通过微信群发至安全监察部，由安全监察部对照监督检查卡上存在的问题，进行统计，根据问题对检查单位进行通报，考核相关责任人和违章扣分。如果检查人未持监督卡监督，检查完成后也未上传监督卡，对检查组人员按照一次严重违章进行考核处罚。如果检查人检查过程不认真或者未发现问题，检查人、被检查现场工作负责人双方在空表处签名，同样需要上传微信群。检查完成后，若工作过程中出现问题或者其他领导督导抽查时发现违章问题时，均按照《安全生产奖惩实施细则》，对违章班组、检查人进行双倍考核。

“双十条”严格执行，可以及时发现问题，及时制止问题，可以将问题消除在萌芽状态。“双十条”是反违章工作的“牛鼻子”，牵住“牛鼻子”，才能有效抓住反违章灵魂。

2.2 建立安全生产反违章工作协同监督纪委问责机制。

党风廉政建设担负着党的纪律检查和行政监察双重职能，通过党风廉政建设，把廉政建设教育与安全教育结合起来，强化责任意识，把制度关进纪律的牢笼。纪检监察部门作为主要的监督部门，要切实发挥作用，对安全措施执行、干部现场到岗到位、安全管理部门履职、事故责任追究等方面，进行全面主动监督。公司纪委每月参加公司组织的安全分析会，对于月度通报的违章情况进行监督，对于发现查处的违章中执行考核处罚及处罚回单移交情况，公司纪委要进行协同监督，对执行到位情况进行全面稽查。对于工作过程中发现的装置性违章，给公司安全生产工作带来严重影响，公司纪委要发挥协同监督的作用，开展向前追溯，发现问题和线索，严肃查处安全生产领域的违法违纪问题，开展执纪问责，防止失职、渎职和腐败行为发生，规范权力运行。对于公司每月发现新的隐患，公司纪委、安全监察部门要深入分析，是否由于前端的决策和职责履行等方面存在问题引起，导致设计、建设过程中就出现了隐患风险，将隐患当成事故进行追溯，启动追溯还原机制和执纪考核问责。

2.3 建立把反违章生产现场，当做“三亮三比”主战场的党建工作监督机制。

将党员身边无违章、党员带头反违章工作，作为最重要的“讲责任”“讲担当”来体现，开展争当一名有着过硬安全素质的合格党员活动。凡是有违章的工作现场，作为一名身在其中的党员，要撰写自己的党员作用为什么没有发挥到位？要主动向党组织递交反思心得体会，公司各党支部要监督反思心得体会上的防范措施执行到位情况，从而不断强化党员履责意识，在党员干部的队伍中形成争当无违章党员的安全氛围，让无违章党员作为榜样，来带动其他员工不断提升“我要安全”的职业素养。在支部的星级党员月度考评活动中，对于违章的党员进行扣分，对于撰写心得体会深刻并在支部党员大会上积极主动交流发言的党员，给予奖励加分，年终将党员获得星级党员“红星”颗数的多少，作为评先树优的依据和标准。通过对党员的引导和管理，从而不断的传播公司在安全生产管理上的正能量，不断营造安全生产良好氛围。

2.4 建立违章中“十不干”“十条禁令”的说清楚机制。

在生产、基建施工现场发生违反国家电网有限公司、国网陕西省电力公司“十不干”十项禁令的违章，对于发生违章的部门负责人及所在部门支部书记，要在公司月度安全分析会做检查、说清楚。将违章的惩戒挺在事故考核问责的前面，通过检查撕掉管理不到位的面纱，引起对安全管理的重视。由于反违章开展不到位，发生未遂人身事件，七级及以下电网、设备事件，信息系统管理事件，其他不安全现象以及性质严重的需要“说清楚”的违章事件，违章事件部门主要领导要在三天内到公司专题汇报。通过建立“说清楚”机制，要让部门负责人切实的认识清楚，反思清楚本部门发生的事故根源到底在什么环节，下一步改善的重点和举措是什么，如何来吸取违章事件的教训。通过“说清楚”机制，实现震慑作用，提升安全思想意识。

2.5　建立反违章约谈机制。

在反违章活动中，对于在生产、基建施工现场发生严重管理违章，对公司人身、电网、设备安全造成严重影响，对于上级和公司要求执行不力及公司认为有必要约谈的事项，由公司分管领导、安全监察部与违章责任单位安全第一责任人进行专题谈话。发生违章的部门，编制约谈报告。约谈报告主要分析违章产生的根源，部门对于发生的违章原因剖析，安全生产管理工作中下一步防范措施。通过约谈，在安全管理上起到警示作用。连续约谈两次，扣减该责任部门的安全生产风险抵押金。年底评先树优，取消该部门及个人所有先进评选资格。通过约谈，促进管理改善，夯实管理基础。

2. 6　建立违章双考核机制。

在反违章活动中，检查发现存在的违章现场，对违章个人、部门负责人执行违章扣分和对违章现场的经济处罚相结合原则。所有电网建设工程包含电网基建项目，生产性大修、技改、专项整治、运行变电站的改扩建，非生产性大修、技改，小型基建和公司所属集体企业参与的直接用户工程建设、用户项目的维护等现场发生违章，对项目的管理部门负责人、支部书记，实行违章积分连带扣分和违章经济处罚并举原则。按照公司建立的违章积分制管理办法，在公司网站及醒目的位置，建立违章积分曝光栏，对违章积分进行曝光。对每名违章职工进行违章积分累积，采取黄牌警告，红牌取消工作资格的方式，并且建立违章积分累积到一定数值后，开展专职培训考核合格后重新上岗的方式。通过建立双考核机制，实现管理和行为双提升。

2.7　建立安全生产巡视巡查工作机制。

管专业必须管安全，提升安全管理的穿透力和执行力，重要的一环在人，在于工作人员岗位责任的履行。借鉴政治巡视巡查的模式，建立安全生产巡视巡查工作机制，将安全责任的履职上升到政治高度，重点放在安全管理责任的落实上，让“红红脸、出出汗”成为安全生产履责问责的新常态，确保实现安全责任有效落实。制定安全生产巡视巡查督导实施细则，组建安全生产巡视巡查队伍，将安全责任制落实、年度重点工作开展、反事故措施落实、季节性防范措施、专业性评价、隐患排查治理、作业风险及电网风险防控措施落实、反违章情况、安全监督等管理性工作纳入安全生产巡视巡查工作中，将安全生产巡视巡查的结果作为一次政治体检，将执纪问责挺在事故问责的前面，促进安全生产管理能够一贯到底，推进安全生产管理水平的提升。

3 安全生产反违章工作新方法

3.1 在反违章工作中，应用提前开展工作前的静态检查违章方法。

开展提前介入，突出工作开工前准备的提前检查，最少提前一天，安全监察部组织检查人员上门服务，开展工前准备检查，主要从现场勘测记录情况、工作方案、三措编制、周计划安排、办理工作票情况，工作票上所列的措施与检修计划的内容一致性，实施该项工作所需的工器具、机具准备情况，现场准备计划派出工作负责人情况等方面进行开工前的各项检查，实施静态过程查违，将违章消灭在萌芽状态。检查人员上门服务指出问题，只指问题不考核，只帮助纠错，改变过去在现场检查时存在与被检查单位的矛盾对立、对抗的局面，将拒绝检查，改为主动邀请，形成和谐的氛围。对于提前开展的静态检查发现的违章问题改正不到位，继续带到作业现场执行，一经发现，实行加倍考核。

3.2 在反违章工作中，应用“互联网 +”4G 远程视屏监控动态查违方法。

创新工作的手段，提高工作的效率，做到检查现场全覆盖。利用应急指挥中心专用信息传递通道和互联网系统，在变电站工作现场架设视频主机，开展 4G 远程移动视屏监控对讲系统，对现场画面实时监督检查。在配电、输电工作现场，架设工作范围内的视频主机，同时对于工作班组现场的主要工作人员身上佩戴单体便携式记录仪，开展 4G 远程视屏监控 + 单兵装备系统检查，对塔上的现场画面实时监督检查。在检修现场使用全程视屏拍摄，安全监察部组织相关部门人员，在应急指挥中心远方分析，对照视频查违章，实施动态过程的违章发现。利用应急指挥中心的液晶屏幕，同时开展几个工作现场的实施图像分析，大大缓解了远距离行车的长途奔波，同时也减少了交通压力，提高监督检查的工作效率。

3.3　在反违章工作中，应用工作中人人都是监督员，每周抽调安全值周人员开展现场查违方法。

反违章工作不只是安全监督部门的事情，必须落实管业务必须管安全的原则，所有人员都是监督的主体，倡导公司人人是监督员、人人是被监督的对象。每周提前安排 3 个部门抽调相关部门的管理人员组成值周小组，每天工作前随机安排检查工作现场。在值周监督检查过程中，从现场勘测记录、最终许可工作，到开始工作的每个阶段都进行照相，将照片传递到值周信息群内。主管专责负责复查，统计发现的违章问题，依据发现违章问题情况进行月度排名奖励。对于未严格按照要求开展监督检查，检查周期内未发现违章行为的值周人员进行考核。轮流值班的方式，既开拓了职工的视野，又拓展了工作的边界，经过现场的实践交流检查，对输、变、配电等工作得到了全面了解和熟悉，这种方式也打通了职工职业生涯中一专多能的培养通道和途径。

3.4　在反违章工作中，应用安全上岗证制度，违章后违章积分制红黄警告方法。

安全上岗证是指职工上岗时必须持有经审验合格有效的上

岗证，并随身携带。上岗证包括正、副两证，正证表示上岗人员的身份和所在的岗位。副证作为安规考核及违章处理的记录，每年审验一次，盖章有效。上岗时两证应合并使用，无证不得上岗。安全上岗证采用记分制，违章记分消除采用滚动消除和离岗培训消除记分方式。年度考核期内安全积分被扣分累计达 6 分者，给予违章个人黄牌警示。年度考核期内安全积分被扣分累计达 9 分者，给予违章个人红牌警告。年度考核期内安全积分被扣分累计达 12 分者，给予违章个人离岗培训。年度积分采取年底积分到黄牌警示及以下者，年底自动消除，次年从零算起。年度积分采取年底积分到红牌警告及以上者（不含 12 分），年底用总分 12 分减去已经扣分值，剩余分数记入次年进行累积。年度积分超过 12 分（含 12 分）时，按照离岗培训处置。离岗培训消除是指当分数累积到按规定要离岗培训时，在参加离岗培训同时所记分数消除。各单位组织安排离岗后的安全技术培训，至少一个月，培训经考核合格后再次复岗；考试不合格的，应予补考，补考再不合格应调离岗位或下岗解除劳动合同关系。

3.5　在反违章工作中，应用编制违章视屏广而告之方法。

以坚决的态度和高压的态势构建公司“不敢违章、不能违章、不愿违章”的全员安全氛围，将反违章进行到底。每季度根据查处的违章照片，结合国网陕西省电力公司查处的典型违章照片，制作成为 PPT 或小微型电影，在公司的网站视屏窗口、电梯内的宣传电视、公司门口的大型液晶显示屏等多个宣传阵地上进行宣传，广而告之，让职工都能了解是谁发生的违章，是谁在损害公司每一位职工的利益，是谁在侵蚀公司的整体形象，让违章的员工亮相出丑，不断营造“不敢违、不能违、不愿违”的反违章氛围。

3.6 在反违章工作中，应用突出开展“两个关键”的责任落实。

安全生产工作人人有责，但是工作中仍然要突出关键少数人、关键环节，暨“两个关键”的责任落实。关键少数人指的是部门负责人、班组长、工作负责人、专责监护人。关键环节，指的是工作前的现场勘测、技术方案编审批、工作票、交底记录。抓住“两个关键”的责任落实，安全工作就能抓住重点，做到有的放矢。

在安全生产工作上，始终要坚持安全生产的信心、责任心、爱心，安全生产始终坚持“天道酬勤”“细节决定成败”的理念不放松，以“反违章、除隐患、抓生产、保安全”为抓手，通过创新反违章工作机制和建立反违章新的方法，突出工作前的预防和纠偏，强化对关键时段、关键人员、关键环节的反违章管控力度，确保检查工作重点突出，不留死角。通过远程实时查看作业现场，开展实施查违、纠违。将纠违过程中发现查处的典型违章，制作成“曝光”短片，通过媒体进行违章广而告之，让违章案例来教育员工，提高对安全工作的重要性、危害性认识。结合国网陕西省电力公司关于生产工作现场十条禁令，提炼出生产作业工作现场“双十条”的管理实践，不断的践行国家电网有限公司关于安全生产工作现场“十不干”的要求，安全生产管理水平得到了有效提升，安全生产的基础得到了不断夯实。

4　反违章“十条禁令”条文及漫画图解

4.1　反违章“十条禁令”条文

第一条　严禁停电作业不按规定验电、接地。

第二条　严禁擅自解锁进行倒闸操作。

第三条　严禁高处作业不正确使用安全带，严禁高处作业随手抛掷器具、材料。

第四条　严禁擅自扩大工作范围、工作内容或擅自改变已设置的安全措施。

第五条　严禁现场作业不按规定使用检修工作票、操作票和施工作业票。

第六条　严禁现场无计划作业。

第七条　严禁作业前不进行安全、技术“交底”。

第八条　严禁使用不合格的安全工器具或超过检测周期的安全工器具。

第九条　严禁专责监护人从事与监护无关的工作。

第十条 严禁不按规定着装和佩戴安全帽进行作业。

4.2 反违章“十条禁令”漫画图解

第一条 严禁停电作业不按规定验电、接地。

第二条 严禁擅自解锁进行倒闸操作。

第三条　严禁高处作业不正确使用安全带，严禁高处作业随手抛掷器具、材料。

第四条　严禁擅自扩大工作范围、工作内容或擅自改变已设置的安全措施。

第五条　严禁现场作业不按规定使用检修工作票、操作票和施工作业票。

还没有计划呢，
绝不可以作业啊！

漫画：吉建芳 作

第六条　严禁现场无计划作业。

第七条　严禁作业前不进行安全、技术“交底”。

第八条　严禁使用不合格的安全工器具或超过检测周期的安全工器具。

第九条　严禁专责监护人从事与监护无关的工作。

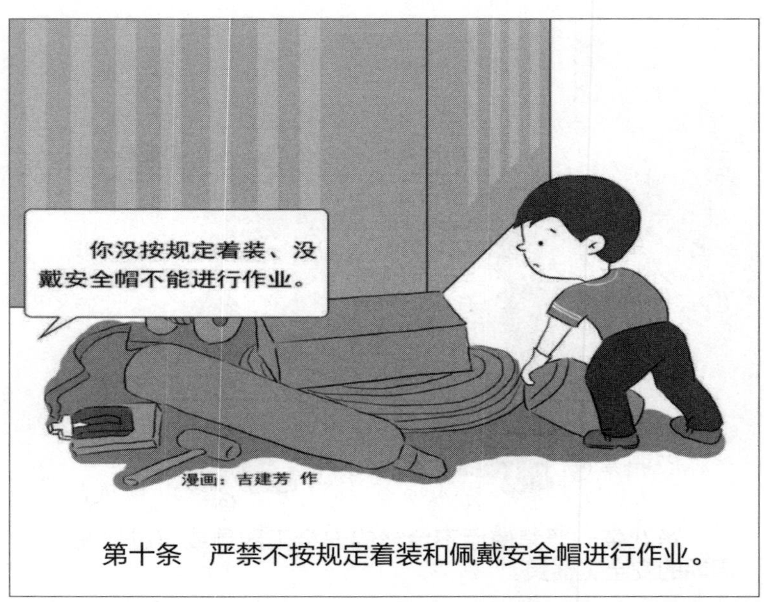

第十条　严禁不按规定着装和佩戴安全帽进行作业。

5 反违章“十必查”条文、条文解释、漫画图解及案例分析

5.1 反违章“十必查”条文

第一条　各类检查人员深入现场，必查现场工前准备，检查计划与实际内容一致性，检查方案、“三措”针对性，检查勘测与实际一致性，现场勘测不到位严禁开工。

第二条　各类检查人员深入现场，必查现场交底记录，检查交底录音情况、交底签字，检查危险点分析、防范措施、带电部位、现场接线图交底，现场交底不到位严禁开工。

第三条　各类检查人员深入现场，必查现场两票执行，检查现场作业内容与工作票、施工作业A、B票、二次安全措施票对应性及合规性，工作票内容与实际不符严禁开工。

第四条　各类检查人员深入现场，必查现场风险防范，检查工作中人身、电网、设备风险分析与实际

相符，风险闭环是否到位，有限空间气体检测，防范措施未落实严禁开工。

第五条　各类检查人员深入现场，必查现场安全措施，检查现场安全措施和作业要求情况，检查二次隔离接地措施，检查围栏围网设置，接地线未包含工作范围严禁开工。

第六条　各类检查人员深入现场，必查现场各类器具，检查安全工器具试验日期、试验卡，检查器具出入库记录，检查滑车保险扣、绳套插接深度，工具试验不合格严禁开工。

第七条　各类检查人员深入现场，必查现场到岗到位，检查工作负责人、专责监护人同进同出，检查到位干部持卡监督，检查人员变更手续，负责人不到位严禁开工。

第八条　各类检查人员深入现场，必查现场外来人员，检查外来特种作业人员持证上岗，检查外来人员入场培训考试文件、签发及负责人备案，外来人员培训不到位严禁开工。

第九条　各类检查人员深入现场，必查现场设施防护，检查医疗用品、消防器材配备，检查电源箱、电焊机等接地、漏电保护、转动设备防护罩，设施防护不到位严禁开工。

第十条　各类检查人员深入现场，必查现场作业文明，检查“两穿一戴”，检查临街临路标识，检查易燃易爆气瓶正确存放，检查高空传递小绳使用，文明施工不规范严禁开工。

备注：各类作业现场，国家电网公司“十不干”、国网陕西省电力公司“十条禁令”作为工作的底线和红线，严禁触碰底线和红线，发生上述严重违章，必须勒令停工整顿，进行相应的处罚。

5.2　反违章“十必查”条文解释、漫画图解及案例分析

第一条　各类检查人员深入现场，必查现场工前准备，检查计划与实际内容一致性，检查方案、“三措”针对性，检查勘测与实际一致性，现场勘测不到位严禁开工。

条文解释：《国家电网公司电力安全工作规程》（简称《安规》）中规定，检修单位应根据工作任务组织现场勘察，并填写现场勘察记录。安全施工方案包括作业指导书、施工方案的安全技术管理内容及专项安全施工方案。重要临时设施、重要施工工序、特殊作业、危险作业应编制专项安全施工方案。《生产作业安全管控标准化工作规范》第三章“作业准备”：作业准备包括现场勘察、风险评估、承载力分析、“三措”编制、“两票”填写、班前会。

典型案例：关于 ×× 公司分包单位人身事故快报。

【事故概况】 ×× 公司承建的特高压直流输电线路工程发生一起因分包单位组立抱杆倾倒，造成分包单位 ×× 建设总公司 3 人死亡的人身事故。

【事故经过】 分包施工队未经施工项目部允许，擅自更改施工计划，转运抱杆进入计划外的 1008 号塔现场，进行抱杆组立。组立抱杆时，未按照施工方案要求执行先整体组立抱杆上段，然后利用组装好的下段塔材提升抱杆的施工方法，而错误采取了整体组立抱杆下段，再利用抱杆顶部的小抱杆（角钢）接长主抱杆的施工方法，且没有落实施工方法的安全技术措施，抱杆临时拉线也未使用已埋设完成的地锚，违反施工方案中严禁在水田里设置钻桩的安全措施要求，违规设置钻桩。施工过程中，拉起在地面组装完成的 23.6m 抱杆后，继续组立剩下的 4 节抱杆，16 时左右，在吊装第 3 节抱杆时，B 腿（上述水田中的实际钻桩点）钻桩被拔出，抱杆向 D 腿方向倾倒，在抱杆上作业的 3 名施工人员随之摔落，并被抱杆砸中，经抢救无效死亡。

【暴露的主要问题】 擅自更改施工计划，现场作业不按照施工方案执行，工前准备不到位。

第二条　各类检查人员深入现场，必查现场交底记录，检查交底录音情况、交底签字，检查危险点分析、防范措施、带电部位、现场接线图交底，现场交底不到位严禁开工。

条文解释：《生产作业安全管控标准化工作规范》第四章第四条“安全交底”：工作许可手续完成后，工作负责人组织全体作业人员整理着装，统一进入作业现场，进行安全交底，列队宣读工作票，交待工作内容、人员分工、带电部位、安全措施和技术措施，进行危险点及安全防范措施告知，抽取作业人员提问无误后，全体作业人员确认签字。执行总、分工作票或小组工作任务单的作业，由总工作票负责人（工作负责人）和分工作票（小组）负责人分别进行安全交底。现场安全交底宜采用录音或影像方式，作业后由作业班组留存一年。

典型案例： 关于 ×× 供电公司人身事故快报。

【事故概况】 ×× 供电公司营业所农电工在开展低压台区综合配电箱计量检查时，发生一起触电人身事故，死亡1人。

【事故经过】 当日下午，×× 供电所营业所人员李 ××、赵 ××（工作负责人）2 人到 10kV 线路上 3 号台区开展 0.4kV 低压综合配电箱计量检查，李 ×× 攀登竹梯至 0.4kV 低压综合配电箱进线柜检查变压器互感器变比，赵 ×× 负责监护（综合配电箱距离地面高度约为 2.4m，李 ×× 站在竹梯第 7 层距离地面高度约为 1.85 m）。李 ×× 在检查过程中，不慎碰触到 220V（A 相）低压铝排裸露的连接部位（剩余电流动作保护器上端），触电从竹梯坠落，紧急送至医院后，经抢救无效死亡。

【原因分析】 事故的发生，暴露出事故单位存在安全意识淡薄、现场管控不力、作业人员安全素质低下等问题。死者在作业过程中未采取安全防护措施，安全意识淡薄。作为工作负责人，赵 ×× 没有及时发现并制止李 ×× 的违章行为，未能尽到监护责任。作业风险分析不到位。李 ××、赵 ×× 对台架低压综合配电箱内低压接线不完全清楚，对带电裸露部分触电风险辨识不到位，也未采取相应防范措施。

【暴露的主要问题】 工作现场交底工作不到位，现场存在的危险点分析不到位。

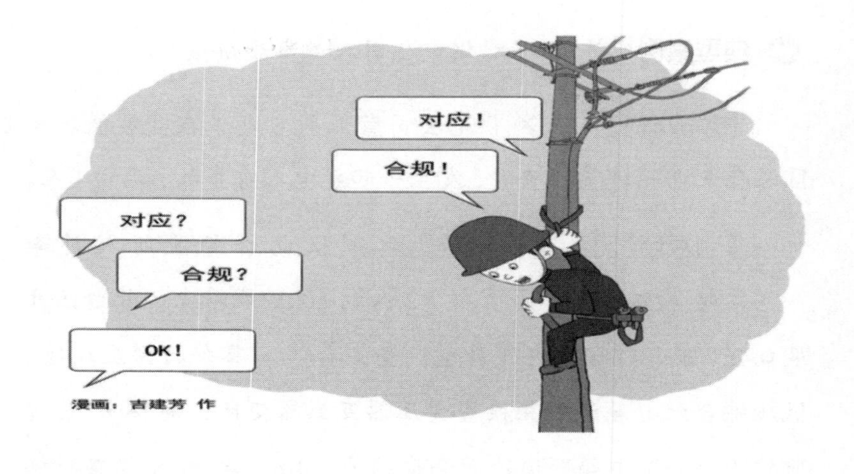

第三条　各类检查人员深入现场，必查现场两票执行，检查现场作业内容与工作票、施工作业 A、B 票、二次安全措施票对应性及合规性，工作票内容与实际不符严禁开工。

条文解释：《安规》中规定，工作票应填写清楚，不得任意涂改。一张工作票中，工作许可人与工作负责人不得互相兼任。若工作票签发人兼任工作许可人或工作负责人，应具备相应的资质，并履行相应的安全责任。检修及基建单位的工作票签发人、工作负责人名单应事先送有关设备运维管理单位备案。一个工作负责人不能执行多张工作票，工作票上所列的工作地点，以一个电气连接部分为限。需要变更工作班成员时，应经工作负责人同意，在对新的作业人员进行安全交底手续后，方可进行工作。

典型案例： ×× 变电站人身触电事故快报。

【事故概况】 ×× 公司在进行 ×× 变电站 35kV 开关柜做大修前的尺寸测量准备工作时，发生人身触电事故，造成 1 人死亡、2 人受伤。

【事故经过】 工作班成员共 8 人，其 ×× 公司 3 人，张 ×（伤者）担任工作负责人；设备厂家技术服务人员王 ×、李 ×（死者）、赵 ×（伤者）等 5 人，王 × 担任厂家项目负责人。

在进行 2 号主变 35kV 三段开关柜内部尺寸测量工作时，厂家项目负责人王 × 向张 × 提出需要打开开关柜内隔离挡板进行测量，张 × 未予以制止，随后王 × 将核相车（专用工具车）推入开关柜内打开了隔离挡板，要求厂家技术服务人员李 × 留在 2 号主变 35kV 三段开关柜内测量尺寸。测量时，触及 2 号主变 35kV 三段开关柜内变压器侧静触头，引发三相短路，2 号主变低压侧、高压侧复压过流保护动作。李 × 当场死亡，在柜外的王 ×、赵 × 受电弧灼伤。2 号主变 35kV 三段开关柜内设备损毁，相邻开关柜受电弧损伤。

【原因分析】 在 2 号主变带电运行、进线开关变压器侧静触头带电的情况下，现场工作人员错误地打开 35kV 三段母线进线开关柜内隔离挡板进行测量，触及变压器侧静触头，导致触电事故，暴露出工作负责人未能正确安全地组织工作，现场作业人员对设备带电部位、作业危险点不清楚，作业行为随意，现场安全失控。现场实际工作内容超出了安全措施的保护范围，而且对进入生产现场工作的外来人员安全管理不到位。工作票“工作地点保留带电部分”栏中，未注明开关柜内变压器侧为带电部位。工作负责人未能有效履行现场安全监护和管控责任，没能针对性开展安全交底，未能及时制止作业人员不安全行为。

【暴露的主要问题】工作现场使用的工作票，结合实际作业，分析带电部位不清楚，现场的作业内容与工作票不相符。

第四条　各类检查人员深入现场，必查现场风险防范，检查工作中人身、电网、设备风险分析与实际相符，风险闭环是否到位，有限空间气体检测，防范措施未落实严禁开工。

条文解释：《安规》中规定，开工前，应编制完成工程安全管理及风险控制方案，识别评估施工安全风险，制定风险控制措施。有限空间作业应坚持“先通风、再检测、后作业”的原则，作业前应进行风险辨识，分析有限空间内气体种类并进行评估监测，做好记录。出入口应保持畅通并设置明显的安全警示标志，夜间应设警示灯。

典型案例： 关于××供电公司人身伤亡事故快报。

【事故概况】 ××供电公司所属集体企业工程公司员工张××在进行10kV常兴分支线37号杆1号台区低电压改造工作，装设接地线的过程中触电，抢救无效死亡。

【事故经过】 根据施工计划安排，当日，工作负责人张××（死者）和工作班成员李×在分支线38号杆装设高压接地线两组（其中一组装在同杆架设的废弃线路上，事后核实该废弃线路实际带电，系常兴分支线）。因两人均误认为该线路废弃多年不带电，当李×在杆上装设好分支线的接地线后，未验电就直接装设第二组接地线。接地线上升拖动过程中接地端并接桩头不牢固而脱落，地面监护人张××未告知杆上人员即上前恢复脱落的接地桩头，此时李×正在杆上悬挂接地线，由于该线路实际带有10kV电压，李×感觉手部发麻，随即扔掉接地棒，张××因垂下的接地线此时并未接地且靠近自己背部，同时手部又接触了打入大地的接地极，随即触电倒地。李×立即下杆召集相邻杆的地面工作人员赵××、田××对伤者张××进行心肺复苏急救，并拨打120急救电话，约20分钟后（9时45分左右）医务人员赶到现场将伤者送往医院抢救，11时左右抢救无效死亡。

【原因分析】暴露出设备管理工作存在严重漏洞，线路图纸与实际不符，设备标识不完善，对历史遗留的有关客户线路与公司线路同杆架设问题不清楚。工作票签发人、许可人在不掌握现场相邻设备带电的情况下，错误签发、许可工作内容和安全措施。

【暴露的主要问题】工作现场认为废弃的线路实际带电，线路管理维护不到位，作业现场实际风险分析不到位。

第五条　各类检查人员深入现场，必查现场安全措施，检查现场安全措施和作业要求情况，检查二次隔离接地措施，检查围栏围网设置，接地线未包含工作范围严禁开工。

条文解释：《安规》中规定，在电气设备上工作，保证安全的技术措施。a）停电；b）验电；c）接地；d) 使用个人保安线（线路工作）；e）悬挂标示牌和装设遮栏（围栏）。设备停电后，验电和接地是确保设备确已不带电压和可靠放电，防止操作人员和检修人员触电的刚性技术措施，必须得到严格执行。

典型案例：关于××供电公司施工项目承包单位人身事故快报。

【事故概况】××村3号台区施工发生一起承包单位人身事故。

【事故经过】该工程业主单位是××供电公司，监理单位是××监理有限公司，施工承包单位是××建设公司。承包单位××建设公司施工项目部，组织两名作业人员登杆开展400V线路新立电杆横担金具安装过程中发生倒杆，两名作业人员随杆坠落，送医院抢救无效死亡。

【原因分析】经调查分析，造成倒杆的直接原因是新立电杆卡盘和底盘未安装，电杆回填土未夯实，未安装临时拉线。

【暴露的主要问题】工作现场立杆前安装卡盘的要求与现场工作实际不相符，作业现场安全措施严重不到位。

第六条　各类检查人员深入现场，必查现场各类器具，检查安全工器具试验日期、试验卡，检查器具出入库记录，检查滑车保险扣、绳套插接深度，工具试验不合格严禁开工。

条文解释：《安规》中规定，现场使用的安全工器具应合格并符合有关要求，并按照规定定期进行试验。安全帽在使用期满后，抽查合格后该批方可继续使用，以后每年抽验一次。滑车、钢丝绳等起重工器具使用前应进行检查。插接的环绳或绳套，其插接长度不小于钢丝绳直径的 15 倍，且不得小于 300mm。使用开门式滑车时应将门扣锁好。采用吊钩式滑车，应有防止脱钩的钩口闭锁装置。

典型案例：××变电站人身坠落事故快报。

【事故概况】××公司输电检修中心在××变电站开展带电检测零值瓷质绝缘子工作，10时05分，一名检测人员（张××，男，29岁，××公司输电检修中心职工）在设备区Ⅰ间隔门型构架上移位时发生高空坠落。11时38分，经医院抢救无效死亡。

【原因分析】现场调查，作业人员张××未正确使用安全防护用具，未采取安全绳措施，横向移位过程中解开安全带，失去基本人身安全防护，发生高处坠落。事故暴露出作业组织和现场管理存在严重漏洞，安全措施不完善，作业现场未配备保护绳；作业人员安全意识淡薄，高处作业过程中严重违反《安规》，习惯性违章严重；现场监护不到位，对作业人员未正确使用安全带、安全绳等防护用具，没有及时发现并制止严重违章行为。

【暴露的主要问题】工作现场未配备保护绳、高空作业防坠落器，实际作业环境所要求的安全措施不到位。

第七条　各类检查人员深入现场，必查现场到岗到位，检查工作负责人、专职监护人同进同出，检查到位干部持卡监督，检查人员变更手续，负责人不到位严禁开工。

条文解释：《安规》中规定，工作负责人若因故暂时离开工作现场时，应指定能胜任的人员临时代替，离开前应将工作现场交待清楚，并告知工作班成员。原工作负责人返回工作现场时，也应履行同样的交接手续。若工作负责人必须长时间离开工作现场时，应由原工作票签发人变更工作负责人，履行变更手续，并告知全体作业人员及工作许可人。原、现工作负责人应做好必要的交接。工作负责人、专责监护人应始终在工作现场。专责监护人不准兼做其他工作。

典型案例：××供电公司触电人身死亡事故快报。

【事故概况】××供电公司变电运行工区综合服务班，在××变电站进行线路带电显示装置检查工作过程中，工作班成员张××触电坠落死亡。

【事故经过】工区副主任田××签发了变电站第二种工作票一张，工作内容为“保护室微机五防机装置检查；室外110kV、35kV设备区防误锁检查，线路带电显示装置检查”。当日，综合服务班班长、工作负责人赵×带领工作班成员张××（死者）到达变电站。13时15分，检查工作结束，因线路带电显示装置插件损坏，缺陷未能消除，工作负责人赵×离开工作现场，准备办理工作终结手续。张××怀疑是感应棒的原因造成带电显示装置异常，于是私自跨越已经围好的安全围栏和爬梯上“禁止攀登，高压危险！”的标示牌，登上35kV线路562刀闸构架，13时30分，张××因与带电的562刀闸线路侧触头安全距离不够，发生触电后从构架上坠落至地面，经抢救无效死亡。

【原因分析】暴露工作班成员张××（死者）在无人监护的情况下，私自扩大工作范围，擅自攀登带电线路刀闸构架，没有与带电部位保持足够的安全距离，造成刀闸对人体放电后坠落。工作负责人赵×（监护人）没有认真履行监护责任，擅离工作岗位，致使作业现场失去监护。公司领导及各级管理人员认为此项工作只是一个较小的工作任务，没有引起足够的重视，暴露出各级领导及管理人员安全生产责任制未落实。

【暴露的主要问题】 工作负责人离开工作岗位，工作成员失去监护，没有做到同进同出。

第八条　各类检查人员深入现场，必查现场外来人员，检查外来特种作业人员持证上岗，检查外来人员入场培训考试文件、签发及负责人备案，外来人员培训不到位严禁开工。

条文解释：《安规》中规定，各类作业人员应接受相应的安全生产教育和岗位技能培训，经考试合格上岗。参与公司系统所承担电气工作的外单位或外来工作人员应熟悉本规程，经考试合格，并经设备运维管理单位认可，方可参加工作。特种作业人员、特种设备作业人员应按照国家有关规定，取得相应资格，并按期复审，定期体检。

➲ **典型案例：**××公司分包人身死亡事故的快报。

【事故概况】××送变电公司承建的输电线路工程发生一起铁塔倒塌，分包单位人员坠落的较大人身伤亡事故。

【事故经过】事故发生前，分包人员登上新建的线路171号塔（转角塔），对中相导线开展紧线作业。此时，171号塔地脚螺栓未安装紧固到位，左右边相导线分别设置了反向临时拉线，拉线与地面角度约55度。7时26分，171号塔整体倒塌，塔上5名作业人员坠落，造成2人当场死亡，2人送医院后经抢救无效死亡，1人受伤。

【原因分析】暴露出工程施工诸多环节安全责任体系不健全问题。分包管理问题较多，各层面疏于对分包单位安全教育，未进行分包队伍和人员资质审查，分包安全监督管控不力，流程管理不严，施工方案编制流于形式，现场基本管控程序未履行，以包代管问题突出。分包队伍安全意识淡薄，部分高空作业人员无资质，相关安全技能培训未开展，施工现场严重违章，反事故技术措施执行不力，施工人员自我保护能力差，安全防护技能缺失。

【暴露的主要问题】外包工作中，外来人员对作业的流程、方案不清楚，发包单位对外来人员培训组织不到位。

第九条　各类检查人员深入现场，必查现场设施保护，检查医疗用品、消防器材配备，检查电源箱、电焊机等接地、漏电保护、转动设备防护罩，设施防护不到位严禁开工。

条文解释：《安规》中规定，经常有人工作的场所及施工车辆上宜配备急救箱，存放急救用品，并应指定专人经常检查、补充或更换。需要动火的施工作业前，应增设相应类型及数量的消防器材。配电箱应坚固，金属外壳接地或接零良好。电焊机的外壳应可靠接地或接零。机械转动部分防护罩应完整，开关及电动机外壳接地良好。

典型案例： ×× 公司 110kV 变电站 1 号主变等设备烧损电力安全事件快报。

【事故概况】 ×× 公司所属 110kV 变电站因 10kV 高压开关柜内断路器母线侧动、静触头接触不到位引发三相短路，后又将 1 号主变 10kV 侧 101 断路器合于该故障点，造成 110kV 变电站 10kV 开关柜及 1 号主变等部分设备烧损。当日，10kV 线路 112 断路器合闸送电后，因动、静触头接触不到位，A、C 相出现间歇性放电。

【事故经过】 因放电持续发展，10kV 母线 C 相接地，采取试拉法拉开 10kV 分段 100 断路器，10kV II 母接地信号消失，判断接地点在 10kV I 母设备范围内。同时 10kV 线路 112 高压开关柜三相短路故障，造成柜顶合闸直流母线绝缘受损短路。短路使直流充电机闭锁输出，切换为蓄电池供电，并造成蓄电池开路，全站直流失压，隔离故障后恢复。18 时 30 分，1、2 号主变低压侧复压闭锁方向过流 I 段一时限出口跳分段 100 断路器、1 号主变低压侧复压闭锁方向过流 I 段二时限出口跳 101 断路器，10kV I 段母线失压。18 时 47 分，调度员王 ×× 令运维人员赵 ×× 合上 1 号主变 10kV 侧 101 断路器，对 10kV I 段母线试送电。因 1 号主变 10kV 侧 101 断路器合闸于10kV线路112断路器母线侧三相短路故障点，10kV线路112高压开关柜顶部合闸直流母线再次发生短路，直流充电机闭锁输出，全站直流电源失压，保护装置失电。18时48分1号主变起火。长时间短路电流作用下，1号主变10kV侧电缆与主变母排连接处热稳定破坏脱落，因C相引线较长，与散热器距离较近，脱落过程中造成对1号主变散热器放电，击穿了散热器导致变压器油大量泄漏，同时电弧点燃了泄漏的变压器油至起火燃烧。

【原因分析】暴露出××公司刚性执行规章制度管理不严。××公司消防装置日常运维管理缺失，监督不足，电气火灾隐患排查不全面，火灾隐患风险评估不充分。变电站防火应急体系不完善，防火日常应急培训和应急演练针对性不强，应急处置不规范。

【暴露的主要问题】生产现场变压器消防设施，重要变电站蓄电池设施设置维护不到位，设施的防护隐患风险管控分析不到位。

第十条　各类检查人员深入现场，必查现场作业文明，检查“两穿一戴”，检查临街临路标识，检查易燃易爆气瓶正确存放，检查高空传递小绳使用，文明施工不规范严禁开工。

条文解释：《安规》中规定，进入作业现场应正确佩戴安全帽，现场作业人员应穿全棉长袖工作服、绝缘鞋。在城区、人口密集区地段或交通道口和通行道路上施工时，工作场所周围应装设遮拦（围栏），并在相应部位装设标示牌。凡盛有或盛过易燃易爆等危险化学品的容器、设备、管道等生产、储存装置，在动火作业前应将其与生产系统彻底隔离，并进行清洗置换，检测可燃气体、易燃液体的可燃蒸汽含量合格后，方可动火作业。高处作业应一律使用工具袋,较大的工具应用绳拴在牢固的构件上，工件、边角余料应放置在牢靠的地方或用铁丝扣牢并有防止坠落的措施，不准随便乱放，以防止从高空坠落发生事故。

典型案例：关于××供电公司人身事故的快报。

【事故概况】××供电公司所属集体企业，在进行线路参数测试工作过程中，发生一起感应电触电人身事故，造成2人死亡。

【事故经过】当日，由××集体企业承建的线路跨越高速非独立耐张段改造项目，已完成线路铁塔组立及导地线架设工作，进行线路参数测试。工作负责人王××、工作班成员李××，在变电站进行线路参数测试作业，在线未接地的情况下，直接拆除测试装置端的试验引线，同时未按规定使用绝缘鞋、绝缘手套、绝缘垫，线路感应电通过试验引线经身体与大地形成通路，导致触电。王××在没有采取任何防护措施的情况下，盲目对触电中的李××进行身体接触施救，导致触电。

【原因分析】暴露出安全生产管理还存在诸多薄弱环节和问题，在进行测试工作中，作业人员未使用绝缘手套、绝缘靴、绝缘垫，在未将线路接地的情况下，直接拆除测试线。要深刻吸取事故教训，切实落实公司安全生产各项部署和要求，强化安全意识，压实安全责任，克服麻痹思想，狠抓现场安全管控措施，确保安全生产局面平稳。

【暴露的主要问题】生产现场试验时专用的绝缘垫，操作使用的绝缘手套、绝缘靴等防护不到位，作业流程卡执行不到位。

6 反违章“十监督”条文、条文解释、漫画图解及案例分析

6.1 反违章“十监督”条文

第一条　工作现场的各类安全工器具、施工机具试验合格必监督，谁检查，谁签字。

第二条　工作现场的各类倒闸操作票、工作票措施正确性必监督，谁检查，谁评价。

第三条　工作现场勘测记录中的邻近带电设备、交叉跨越必监督，谁检查，谁分析。

第四条　工作现场编制检修方案“三措”编审批、措施正确性必监督，谁检查，谁负责。

第五条　工作现场两交底中措施交代是否清楚、人员签名必监督，谁检查，谁监督。

第六条　工作现场危险点分析及预控，各类风险落实措施必监督，谁检查，谁审核。

第七条　工作现场中装设接地线及个人安保地线是否正确必监督，谁检查，谁核对。

第八条　工作现场到位人员、工作负责人是否按要求到位必监督，谁检查，谁登记。

第九条　工作现场标准化作业卡按照现场实际制定并执行必监督，谁检查，谁复核。

第十条　工作现场外来作业人员进行《安规》和现场培训到位必监督，谁检查，谁抽考。

6.2 反违章“十监督”条文解释、漫画图解及案例分析

第一条 工作现场的各类安全工器具、施工机具试验合格必监督，谁检查，谁签字。

条文解释： 安全工器具、施工机具能够有效防止触电、灼伤、坠落、摔跌等，保障工作人员人身安全。合格的安全工器具、施工机具是保障现场作业安全的必备条件，使用前应认真检查无缺陷，确认试验合格并在试验期内，拒绝使用不合格的安全工器具、施工机具。

典型案例：××建设公司在110kV变电站吊装TV工作中，葫芦下挂钩轴用弹簧档圈脱断，TV坠落，造成1人死亡。

【事故经过】 工作当日，工作负责人陈×持电气第一种工作票到110kV变电站进行110kV Ⅱ段母线TV更换工作，8时18分，变电站运行人员许可开工。随后，工作负责人张×召集工作班成员履行班前会手续后开始施工，其中，一次作业4人，二次作业2人共计6人。项目经理赵××随队到达现场。8时50分，工作负责人张×带领3名工作人员开始拆卸第一只TV本体C相，采用手拉链条葫芦起吊，链条葫芦的上端固定吊环位于TV顶部正上方的横梁处，下端吊钩钩在TV本体绑扎的柔性吊带正上方。王××负责在地面拔葫芦链条将C相TV提升，李××与田××站在横梁构架上负责将TV本体向外推移。9时10分，张×站在TV下方欲将模板插入TV与横梁间，在放置模板过程中，链条葫芦下挂钩链轮轴脱落，TV从2.5m高处坠落，张×躲闪不及，坠落的TV砸到其大腿上部，经抢救无效于10时05分宣布死亡。

【原因分析】 链条葫芦存在制造质量缺陷，链轮轴脱落是事故发生的直接原因。现场检查链条葫芦下挂钩的墙板焊接工艺不良，约有三分之一严重虚焊，轴用弹簧挡圈两端槽身不等，实测脱落方的槽身为 0.25mm，另一端为 0.37mm，标准槽身应为 0.55mm，致使葫芦在起吊时下挂钩链轮轴一端从该侧墙板中突出，撕裂墙板焊缝，链轮轴脱落，造成吊装的 TV 坠落。现场施工方案、标准作业指导书编制不细不实，是事故发生的间接原因。暴露出作业现场施工机具管理不到位。针对未建立台账、非正常渠道采购的起重特种作业机具，管理人员未认真审查把关，没有及时发现产品质量缺陷，造成存在缺陷的机具进入施工现场。工作作业人员在特种作业机具每次重复使用前，未再次进行全面详细检查，为后续使用埋下安全隐患，反映出隐患排查工作不到位。

【暴露的主要问题】链条葫芦存在制造质量缺陷，链轮轴脱落，机具不合格进入现场，开工前的检查不到位。

第二条　工作现场的各类倒闸操作票、工作票措施正确性必监督，谁检查，谁评价。

条文解释： 在电气设备上及相关场所的工作，正确填用工作票、操作票是保证安全的基本组织措施。工作负责人或工作票签发人要规范填写应拉断路器（开关）、隔离开关（刀闸），应装接地线、应合接地刀闸（注明确实的地点、名称及接地线编号），应设遮栏、应挂标示牌及防止二次回路误碰等措施；因工作需要所装设的绝缘隔板、绝缘挡板的装设应有编号，并注明装设地点；工作地点保留带电部分工作票签发人应填写停电设备相邻带电间隔和设备的名称、编号及注意事项；由工作许可人确认完成安全措施栏左侧相应的安全措施后，在工作票“已执行”栏内每行签名；根据现场情况，工作许可人填写认为现场有必要补充的保留带电部分和其他安全措施、要求和需要说明的事项。

典型案例： ××公司因违章指挥、无票工作，导致人身触电重伤事故。

【事故经过】 ××电厂计划进行1号主变压器3501断路器大修工作。24日11时15分，工作负责人王××办理完3501断路器大修工作许可手续后，大修工作开始进行搭设检修平台等前期准备工作。25日9时30分左右，××电厂开始进行1号主变压器3501断路器大修工作。工作开始前，工作负责人王××向部分检修班组成员介绍了3501断路器大修具体工作任务及工作地点、工作范围、停电范围、危险点等要点，但李××(工作班组成员，生技科副科长，伤者)、赵××(××电厂生产副厂长)当时不在现场，未能听取开工前的安全告知工作。

大修开始后，在现场督导工作的生产副厂长赵××和工作负责人王××商量后，错误地认为35kV I段母线TV与3501断路器同在35kV I段母线上，为减少非计划停电，决定扩大工作范围和任务对35kV I段母线TV本体进行维护喷漆工作。未按要求办理新的工作票并履行许可手续，也未确定具体工作人员和监护人员，生产副厂长赵××上了停电设备1号主变断路器3501的TA本体上进行喷漆工作。工作负责人王××在1号主变3501断路器上指挥工作班成员进行断路器大修工作；专职监护员也上了开关检修平台进行工具传递等工作。10时36分左右，李××见其他人员都在工作，于是叫仓库保管员一起抬梯子到35kV I段35189TV隔离开关处。10时38分左右，李××独自带了两块纱布上了35189TV隔离开关架构，(35189隔离开关仅TV侧接地，母线侧带电)在右手接触母线侧隔离开关触头后导致李××直接触电，跌落悬挂在了隔离开关基座上。

【原因分析】暴露出××电厂现场督促工作的生产副厂长指挥负责人擅自扩大工作范围和任务后，没有办理新的工作票，没有明确新工作的负责人，没有告之相关人员。大修现场没有专门人员进行监护，工作现场安全监护处于失控局面，大修工作现场没有装设检修围栏区分工作区域和带电区域，也没有悬挂有关标示牌。

【暴露的主要问题】增加工作任务，未按要求办理新的工作票并履行许可手续，现场使用的工作票未包含全部工作内容，严重不符合安全管理的要求。

第三条　工作现场勘测记录中的邻近带电设备、交叉跨越必监督，谁检查，谁分析。

条文解释： 停电检修的线路如与另一回带电线路相交叉或接近，以致工作时人员和工器具可能和另一回导线接触或接近至规定的安全距离以内，则另一回线路也应停电并予接地。在交叉档内松紧、降低或架设导、地线的工作，只有停电检修线路在带电线路下面时才可进行，应采取防止导、地线产生跳动或过牵引而与带电导线接近至规定的安全距离以内的措施。停电检修的线路如在另一回线路的上面，而又必须在该线路不停电情况下进行放松或架设导、地线以及更换绝缘子等工作时，应采取安全可靠的措施。

典型案例：×× 供电公司高压检修管理所在 110kV 线路支线停电检修时，因误登平行带电线路，造成一名职工触电死亡。

【事故经过】因配合 ×× 高速铁路的施工，×× 供电公司对 110kV 线路 I 线全线计划停电，由 ×× 供电公司高压检修管理所（简称高检所）进行 110kV 线路 I 线 15、16 号杆塔搬迁更换工作，同时对 110kV 线路 I 线支线 1 ～ 42 号杆塔登检及绝缘子清扫工作。工作分成三个大组进行，分别由高检所线路一、二班和带电班负责，经分工，带电班工作组负责支线 1 ～ 42 号杆塔停电登杆检查工作。1 月 24 日，各工作班在挂好接地线、做好有关安全措施后开始工作。1 月 26 日带电班的工作又分成 3 个工作小组，其中第 3 组是张 ×× 和李 × 两人，负责 31 号、32 号、34 号共 3 基杆塔的登杆检查消缺工作。在该班分别检查确认 110kV 线路 I 线支线两端杆塔（1 号、42 号）的接地线完好无误后，便分组开展登杆检查消缺工作。张 ×× 和李 × 两人，走到 110kV 线路 I 线支线 3l 号杆的山脚下时，因为正面上山困难，便绕道寻路。结果张 ××、李 × 两人走错了一个山头，走到了与停电的 110kV 线路 I 线支线平行架设的 110kV 另外一条线路 35 号杆处。两人在未认真核对线路杆号牌和监护人未履行监护职责的情况下，李 × 误登带电的 110kV 另外一条线路 35 号杆，造成触电，并起弧着火，安全带被烧断，从约 23m 高处坠落，当即死亡。

【原因分析】 暴露出工作监护人安全意识淡薄，责任心差，完全没有履行监护人的职责。成员李 ×，登杆塔前未认真进行“三核对”，盲目上杆工作。线路运行维护不力，线路的三牌管理不规范。

【暴露的主要问题】 现场勘测中，对平行架设的带电线路勘测不到位和路径提前分析不到位，工作前核对设备不到位。

第四条　工作现场编制检修方案“三措”编审批、措施正确性必监督，谁检查，谁负责。

条文解释：作业单位应根据现场勘察结果和风险评估内容编制“三措”。对涉及多专业、多单位的大型复杂作业项目，应由项目主管部门、单位组织相关人员编制“三措”。“三措”内容包括任务类别、概况、时间、进度、需停电的范围、保留的带电部位及组织措施、技术措施和安全措施。“三措”应分级管理，经作业单位、监理单位（如有）、设备运维管理单位、相关专业管理部门、分管领导逐级审批，严禁执行未经审批的“三措”。

典型案例：×× 供电公司在 10kV 杆上进行电缆工作中，换位时失去保护，从 6m 高处坠落造成人身重伤。

【事故经过】10kV 市 镇 I 线 20 ～ 47 号、 市 镇 II 线 17 ～ 44 号 (同杆共架) 架空线路落地改电缆，新投电缆分支箱 2 台。该项工作 ×× 电缆公司是王 ×× 负责人，电缆运行班李 ×× 担任第一小组负责人，小组成员分别是田 ××、赵 ××、该项工作负责人李 ×× 现场又临时指定宋 ×× 作为 25 号杆塔作业的专责监护人。该小组当天工作任务为：10kV 市镇 I 线 25 号杆和市镇 II 线 22 号杆 (同杆共架) 两根电缆终端杆户外头吊装、搭接引线。杆上作业人员为赵 ××、李 ××，现场监护人宋 ××。11 时 25 分，当杆上东侧 10kV 市镇 I 线电缆吊装工作结束后，赵 ×× 下至杆子东侧第二层爬梯解开腰绳，在转向西侧市镇 II 线准备固定 10kV 市镇 II 线上层第一级电缆抱箍时，由于换位转移过程中，脚未踩稳、手未抓牢，从距地约 6m 高处坠落，造成人身重伤事故。

【原因分析】暴露出工程管理的主管单位未审批施工单位的安全措施和施工方案，重视程度不够，组织协调不力，对现场作业的复杂性和危险性认识不足；对特殊杆塔高空作业的危险性没有提出有针对性的防范措施。总负责人安排工作考虑不周到，工作安排不细，对现场到位管理人员分工不明确，整个现场工地工作点很多，没有落实到位人员的安全责任，对特殊杆塔高空作业未采取有效的安全措施，安全责任不落实，导致作业人员在杆塔上违章作业。

【暴露的主要问题】施工单位的安全措施和施工方案没有审批，转移换位的措施没有交代到位。

第五条　工作现场两交底中措施交代是否清楚、人员签名必监督，谁检查，谁监督。

条文解释：工作许可手续完成后，工作负责人组织全体作业人员整理着装，统一进入作业现场，进行安全交底，列队宣读工作票，交待工作内容、人员分工、带电部位、安全措施和技术措施，进行危险点及安全防范措施告知，抽取作业人员提问无误后，全体作业人员确认签字。执行总、分工作票或小组工作任务单的作业，由总工作票负责人（工作负责人）和分工作票（小组）负责人分别进行安全交底。

典型案例：×× 供电公司供电所在更换耐张杆的施工过程中，因交底不清造成 1 人死亡。

【事故经过】×× 供电公司供电所开展 10kV 122 开发区线路检修工作，工作地段为开发区支 8 ~ 22 号杆，工作内容为更换耐张杆 4 基、直线杆 2 基（含金具、绝缘子和拉线）。当天的工作分两组进行，第一组由供电所长张 ×× 带队（共 14 人），工作任务是更换开发区支 8、11、13 号和 16 号电杆。7 时，工作负责人刘 ×× 签发了第一组线路工作任务单，当面通知第一组负责人张 ××7 时 20 分开工。7 时 25 分，张 ×× 带领第一组工作人员到达开发区支 8 号杆，计划更换此杆和三条拉线（8 号杆原为 10m 杆，更换为 14m 杆），因 8 号杆周边农家菜地雨后土质松软，吊车在向工作地点行进时陷入泥地中。8 时 50 分，吊车脱离开陷坑，因 8 号杆周边不具备施工条件，第一组负责人张 ×× 决定大部分工作人员和吊车转移到 16 号杆工作，待地面稍干后再更换 8 号杆。同时，张 ×× 指定王 ×× 担任 8 号杆工作的临时负责人，安排王 ××、赵 ××（临时工）完成 3 条新拉线盘、拉线棒的安装。赵 ×× 到菜地边的空地上（位于 8 号杆 15m）制作新拉线，王 ×× 进行新拉线棒的安装（与拉线盘连接）工作。11 时 30 分，王××完成新拉线棒的安装工作后，在没有监护的情况下擅自登杆，在没有安装临时拉线的情况下，首先解开8号杆南侧拉线上把，随后放下8号杆北侧三相导线。11时58分，王××将8号杆西南侧三相导线松开，导致8号杆倾倒，王××被电杆压在下方经抢救无效后死亡。

【原因分析】暴露出现场第一组工作负责人张××未能认真履行职责，临时改变作业程序，人员选派不合理，工作任务、危险点分析和控制措施交代不清，现场使用的标准化作业指导卡套用范本，既没有针对需更换的8号杆实际情况，规定需加装临时拉线的规格、型式、方位和施工方法，也没有对于马道的开挖提出要求并进行风险辨识。作业现场安全管理不到位，随意变更工作流程，工作顺序变动后，未提出针对性措施并履行相关手续。对于工作过程中发生的变更，未能及时识别潜在风险并采取针对性措施。

【暴露的主要问题】现场变更工作方案后，没有针对具体工作交代清楚技术措施和安全措施，“两交底”管理不到位。

第六条　工作现场危险点分析及预控，各类风险落实措施必监督，谁检查，谁审核。

条文解释：采取全面有效的危险点控制措施，是现场作业安全的根本保障，分析出的危险点及预控措施也是“两票”、“三措”等中的关键内容，在工作前向全体作业人员告知，能有效防范可预见性的安全风险。运维人员应根据工作任务、设备状况及电网运行方式，分析倒闸操作过程中的危险点并制定防控措施，操作过程中应再次确认落实到位。工作负责人在工作许可手续完成后，组织作业人员统一进入作业现场，进行危险点及安全防范措施告知，全体作业人员签字确认。全体人员在作业过程中，应熟知各方面存在的危险因素，随时检查危险点控制措施是否完备、是否符合现场实际，危险点控制措施未落实到位或完备性遭到破坏的，要立即停止作业，按规定补充完善后再恢复作业。

典型案例：××建设公司进行110kV线路铁塔增加绝缘子工作中，因现场危险点措施不落实，发生人身高处坠落死亡事故。

【事故经过】××公司组织实施对线路提高绝缘配置、加强防风偏、防鸟害和防雷等措施的整治工作。建设公司线路一班在完成26号铁塔增加绝缘子工作后，11时0分，转移到12号铁塔工作。按照工作程序，先用3t葫芦把导线回收，退去绝缘子串的受力，然后在绝缘子与球头挂环连接处断开，加装绝缘子。11时30分，在完成12号铁塔增加绝缘子工作后准备拆除紧线器时，由于距离较远，只能骑坐在绝缘子串上作业。施工人员赵××将安全带系在12号铁塔A相绝缘子串上，正准备作业时，绝缘子U形挂环与铁塔挂点处螺栓发生脱落，导致绝缘子串滑脱，致使骑坐在绝缘子串上的施工人员坠地死亡。

【原因分析】暴露问题，12号铁塔A相耐张绝缘子U形挂环与铁塔挂点处螺栓没有安装开口销，因导线长期摆动造成螺栓、螺帽向外滑移，在施工时该螺栓脱落，导致绝缘子串发生滑脱，施工班组在工作前没有认真开展危险点分析工作，没有采取必要的安全防范措施，同时施工人员没有严格按照规定，即在杆塔高空作业时，没有佩戴有后备绳的双保险安全带。

【暴露的主要问题】 上塔后作业时，没有对所干工作范围内的设备进行检查，没有发现螺帽向外滑移的危险点，风险预控措施不到位。

第七条　工作现场中装设接地线及个人安保地线是否正确必监督，谁检查，谁核对。

条文解释：在电气设备上工作，接地能够有效防范检修设备或线路突然来电等情况。未在接地保护范围内作业，如果检修设备突然来电或临近高压带电设备存在感应电，容易造成人身触电事故。检修设备停电后，作业人员必须在接地保护范围内工作。对于可能送电至停电设备的各方面都应装设接地线，对于因平行或邻近带电设备导致检修设备可能产生感应电压时，应加装工作接地线或使用个人安保地线，装设接地线应有两人进行。禁止作业人员擅自移动或拆除接地线。高压回路上的工作，必须要拆除全部或一部分接地线后始能进行工作应征得运维人员的许可（根据调控人员指令装设的接地线，应征得调控人员的许可），方可进行，工作完毕后立即恢复。

典型案例：×× 公司一名农电工作人员，发生 10kV 触电死亡事故。

【事故经过】 ×× 公司安排作业人员李 ××，对 10kV 线路 112 常兴线 10 号变台低压配电箱进行移位工作，抄表班班长王 ×× 又以电话方式通知作业人员李 ××，强调施工作业前要请示运检班班长和供电所所长批准，批准后要办理工作票手续并做好相关安全措施。10 时 0 分左右，作业人员李 ×× 在没有请示运检班班长和供电所所长，也未办理工作票手续的情况下，带领农电工作人员赵 ×× 和白 ×× 二人到达 10kV 线路 112 常兴线 10 号变台进行低压配电箱的移位工作。作业人员李 ××，拉开 10 号变台三相跌落式熔断器，赵 ×× 将 10 号变台低压配电箱内隔离开关拉至分位后，工作人员李 ××、白 ×× 二人在未进行验电、未装设接地线的情况下，便进行了登台作业。10 时 20 分，作业人员李 ×× 因右手触碰变压器高压套管，触电后高处坠落（未系安全带）抢救无效死亡。

【原因分析】 直接原因为 10kV 线路 112 常兴线 10 号变台 B 相硅橡胶跌落式熔断器绝缘端部密封破坏，潮气进入芯棒空心通道，致使电流通过熔断器受潮绝缘体使变压器高压套管带电，是造成本次人身触电的直接原因。作业人员在拉开高低压侧断路器后，未对停电设备进行验电、未装设接地线，没有执行保证安全的技术措施。作业现场没有设立监护人，工作班成员没有及时制止违章行为，在坠落高度基准面超过2m的情况下未使用安全带，没有执行保证安全的现场防护措施。暴露现场作业人员安全意识淡薄，严重违反《安规》要求，不执行保证安全的组织措施和技术措施，现场作业管理混乱。作业班成员不仅没有及时制止其他人员的违章行为，还参与违章作业，安全防范意识、自我保护能力极差。

【暴露的主要问题】 工作时没有在工作范围内设置接地线，执行保证安全的技术措施不到位。

漫画：吉建芳 作

第八条　工作现场到位人员、工作负责人是否按要求到位必监督，谁检查，谁登记。

条文解释：工作监护是安全组织措施的最基本要求，工作负责人是执行工作任务的组织指挥者和安全负责人，工作负责人、专责监护人应始终在现场认真监护，及时纠正不安全行为。作业过程中工作负责人、专责监护人应始终在工作现场认真监护。专责监护人临时离开时，应通知被监护人员 停止工作或离开工作现场，专责监护人必须长时间离开工作现场时，应变更专责监护人。工作期间工作负责人若因故暂时离开工作现场时，应指定能胜任的人员临时代替，并告知工作班成员。工作负责人必须长时间离开工作现场时，应变更工作负责人，并告知全体作业人员及工作许可人。

典型案例：××供电公司110kV变电站外协施工人员在无人监护的情况下误登带电设备，造成人身触电重伤事故。

【事故经过】××公司施工队进入××供电公司110kV变电站进行相关设备喷涂RTV工作，工作人员为：施工队队长杨××（施工队现场负责人），施工队员王××（伤者）、李×、赵××。在喷涂工作开始前，变电处白××向施工现场负责人杨××交代35kV设备区需喷涂RTV的停电设备，安排宋××监督RTV喷涂工作。喷涂RTV工作结束，宋××发现35kV Ⅰ母电压互感器B相膨胀器被RTV严重污染及油位计有油污，随即要求喷涂RTV施工人员处理干净，并向工作负责人杨××交代让检修人员处理油污。RTV喷涂监督检查人员宋××因送电工作安排离开35kV设备区。同时，施工队队长杨××因工作需要，未向变电工区现场负责人申请，离开变电站RTV喷涂工作现场。随后施工人员转移至35016隔离开关至1号主变压器35kV引流门型构架处，在RTV喷涂监督检查人员宋××和施工负责人杨××离开的情况下，开始进行绝缘子RTV喷涂工作。施工人员王××、李×负责绝缘子RTV喷涂工作，赵××进行地勤工作。工作结束后，王××擅自闯入相邻带电的母联3500间隔门型构架上，由于安全距离不足，C 相带电引流线对王 ×× 左手放电，将其击落至地面，造成高压触电人身伤害，构成重伤。

【原因分析】暴露问题外协施工人员在无监护的情况下进行工作。安全生产管理存在严重漏洞，现场负责人安全意识淡薄，未能严格按照领导到岗到位要求开展工作，没有真正起到监督作用。现场到位人员没有认真履行到位职责，没有及时发现现场存在的风险，现场控制力差，致使现场存在不安全的因素。

【暴露的主要问题】工作时工作负责人、工作监护人均不在现场，无监护的情况下进行工作，到岗到位措施不到位。

第九条　工作现场标准化作业卡按照现场实际制定并执行必监督，谁检查，谁复核。

条文解释：现场标准化作业卡的制定应围绕安全和质量两条主线，突出现场安全管理，达到事前管理、过程控制的要求；应坚持“安全第一，预防为主”的方针，体现凡事有人负责、凡事有章可循、凡事有据可查、凡事有人监督的原则；应符合安全生产法规、规定、标准、规程的要求，具有实用性和可操作性，内容应简单、明了、无歧义；应针对现场和作业对象的实际，进行危险点分析，制定相应的防范措施，体现对现场作业的全过程管控，对设备及人员行为实现全过程管理；工作内容具体、工作责任明确、作业方案优化、严格控制工艺流程。

典型案例：××供电公司变电站在进行110kV线路11122刀闸检修工作时，一名员工误拆11122刀闸线路侧接线板，失去接地线保护，发生感应电触电事故。

【事故经过】××供电公司变电检修室二班进行变电站线路11122刀闸检修工作，该线路停运，另一条线路与1112线路同杆并架20km，在运行中变电运维人员在11122刀闸周围装设遮栏，向内挂“止步，高压危险！”标示牌，并设出入口及检修通道，悬挂“在此工作”“禁止攀登、高压危险！”“禁止合闸，有人工作”标示牌；合入111217、111227、111267接地刀闸，随后运维人员许可变电第一种工作票，并履行工作许可手续。工作负责人张×组织工作班成员（共4人）分配工作任务，工作班人员王××（死者，男）、王×负责刀闸连杆轴销的加油、检查，李××负责机构清扫，赵×负责监护。王××在11122刀闸架构上工作。王××在打开11122刀闸A相线路侧连接板时，失去接地刀保护，造成感应电触电。王××经抢救无效死亡。

【原因分析】事故暴露出责任单位安全生产还存在诸多薄弱环节和管理漏洞，作业人员安全意识淡薄，擅自增加工作内容、扩大工作范围。现场管控不到位。工作票填写、审核、批准等环节未起到把关作用，工序质量控制卡、风险事件与控制措施单套用模板指导性、针对性不强，现场作业人员作业危险点不清楚，现场标准化作业工作未得到认真执行，管理人员到岗到位缺失、履责不到位。安全生产责任制落实不到位，规章制度执行不严格，安全、技术培训不到位，安全工作基础不牢，存在薄弱环节和漏洞。

【暴露的主要问题】 工作时采用的标准化作业卡采用套用模板，没有针对性，作业卡上应该增加拆除 11122 刀闸时，线路侧增加一组接地线措施，作业卡措施不到位。

第十条　工作现场外来作业人员进行《安规》和现场培训到位必监督，谁检查，谁抽考。

条文解释：各类作业人员应接受相应的安全生产教育和岗位技能培训，经考试合格上岗。参与公司系统所承担电气工作的外单位或外来工作人员应熟悉《安规》，经考试合格，并经设备运维管理单位认可，方可参加工作。特种作业人员、特种设备作业人员应按照国家有关规定，取得相应资格，并按期复审，定期体检。

典型案例：×× 公司变电站改建工程分包单位发生人身伤亡事故，造成 1 人死亡，2 人重伤，8 人轻伤。

【事故经过】×× 变电站改建工程是为了满足 ×× 新区建设发展需要，配合城市新区输电线路下地工程的实施，由 ×× 公司和 ×× 高新区共同出资实施的工程项目。工程内容为：将原变电站由户外变电站改建为全户内式 GIS 变电站，×× 公司统一实施建设。该工程由 ×× 公司下属集体企业承建，其土建工程部分专项作业由 ×× 劳务有限公司进行分包，负责层间楼板的混凝土浇筑和脚手架搭设工作。工作当日，第二项目部有关管理人员、旁站监理会同 ×× 公司劳务派遣的作业负责人张 × 对工地搭设的脚手架进行专项验收。验收过程中，发现 3、4 号主变压器室顶板支撑脚手架搭设存在立横杆间距过大、剪刀撑和扫地杆数量不足、部分支撑结构悬空等问题，并立即向 ×× 劳务有限公司脚手架搭设作业班组提出整改要求，下达了书面整改通知单，同时也同意了验收合格部分可以开始进行混凝土浇筑作业。负责人张 × 开始安排工人对不合格部分脚手架进行整改加固。次日凌晨 2 时左右，脚手架搭设合格部分的混凝土浇筑作业正式开始，工作一直持续到 7 时 0 分左右间断，项目责任工长、安全员、旁站监理人员离开浇筑作业现场休息。7 时 10 分左右，×× 劳务有限公司派遣的作业负责人张 × 自认为脚手架整改加固完毕，为了抢工期，就在没有通知复查验收且无人进行作业监护的情况下，擅自带领王 ××（死者）等 9 名混凝土工和 1 名钢筋工共 11 人开始进行主变压器室顶板位置混凝土浇筑作业。10 时 0 分左右，作业人员正在进行 16.5m 层主变压器室顶板混凝土浇筑且已完成约 $30m^3$、顶板和梁柱即将形成时，作业面的模板支撑体系突然垮塌，当即造成顶板上作业人员一同落下，致 1 人死亡、2 人重伤、8 人轻伤。

【原因分析】暴露出 ×× 公司作为建设承包单位，在施工建设过程中存在对分包工程安全把控力度不够，对分包单位安全作业行为管束不严，对分包单位人员安全培训教育不够等问题。全面清查基建施工单位所使用的劳务公司资质、签订的劳务合同、安全协议等，对不符合要求的劳务公司一律清除。在施工前加强施工作业人员的思想动态和个人行为、现场安全管理培训力度，强化作业流程的熟悉和熟知。

【暴露的主要问题】工作时外来劳务分包人员，从工作验收后才能复工，工作过程中擅自安排工作对管理要求不熟悉不清楚，培训管理不到位。

7 反违章“十必查”“十监督”两种查违方法适用范围

7.1 生产作业现场制定的“十必查”“十监督”两种查违纠违的方法适用于任何人对作业现场的监督检查，而且标准化的监督卡对于现场查处违章着实方便。

7.2 “十必查”“十监督”两种检查监督方法中，“十必查”检查方法，相对趋向于现场实际的检查。“十监督”检查方法，相对趋向于安全管理方向的检查。两种检查监督方法，只是相对趋向。

7.3 两种方法中，“十必查”检查方法，相对比较适合现场的工作专职监督人、现场的到位干部及各类深入现场的安全稽查人员。“十监督”检查方法，相对比较适合各部室管理人员、公司各级领导干部的安全监督工作。

附录 A

国家电网有限公司“十不干”安全生产要求

1 无票的不干。

2 工作任务、危险点不清楚的不干。

3 危险点控制措施未落实的不干。

4 超出作业范围未经审批的不干。

5 未在接地保护范围内的不干。

6 现场安全措施布置不到位、安全工器具不合格的不干。

7 杆塔根部、基础和拉线不牢固的不干。

8 高处作业防坠落措施不完善的不干。

9 有限空间内气体含量未经检测或检测不合格的不干。

10 工作负责人（专责监护人）不在现场的不干。

附录B

安全生产管理“十必查”检查监督卡

<table>
<tr><td>检查人员</td><td colspan="2"></td><td colspan="2">被检查工作负责人</td><td></td><td>检查时间</td><td></td><td>检查工作现场名称</td><td></td></tr>
<tr><td>序号</td><td colspan="4">检查内容</td><td colspan="2">检查情况</td><td colspan="2">检查内容</td><td>检查情况</td></tr>
<tr><td rowspan="2">1</td><td colspan="4">工作计划与实际内容一致性</td><td colspan="2"></td><td colspan="2">现场勘测记录是否和工作现场的实际环境一致</td><td></td></tr>
<tr><td colspan="4">施工方案编审批是否完备，现场执行是否一致</td><td colspan="2"></td><td colspan="2">“三措”编审批是否完善，技术措施是否和现场一致</td><td></td></tr>
<tr><td rowspan="2">2</td><td colspan="4">交底是否有记录，有无签字，签字是否齐全</td><td colspan="2"></td><td colspan="2">交底是否有录音</td><td></td></tr>
<tr><td colspan="4">现场的危险点分析是否分析和现场实际符合，有无防范措施</td><td colspan="2"></td><td colspan="2">现场带电部位是否在工作票上反应，抽考工作成员是否清楚</td><td></td></tr>
<tr><td rowspan="2">3</td><td colspan="4">工作票的填写是否规范，工作内容与计划、检修实际是否一致</td><td colspan="2"></td><td colspan="2">施工作业票是否与实际风险等级对应</td><td></td></tr>
<tr><td colspan="4">二次措施卡是否正确填写，与现场所列措施是否一致</td><td colspan="2"></td><td colspan="2">工作票是否电子版化工作票或者 PMS 系统自动生成</td><td></td></tr>
<tr><td rowspan="2">4</td><td colspan="4">工作过程防人身事故的风险措施是否采取</td><td colspan="2"></td><td colspan="2">检修情况下电网风险措施是否采取，有无痕迹记录</td><td></td></tr>
<tr><td colspan="4">工作过程中防设备事故的风险措施是否有针对性</td><td colspan="2"></td><td colspan="2">作业中有限空间气体是否持续检测，有无防范措施</td><td></td></tr>
<tr><td rowspan="2">5</td><td colspan="4">工作票所列的措施是否执行到位</td><td colspan="2"></td><td colspan="2">相关二次隔离接地措施是否执行到位</td><td></td></tr>
<tr><td colspan="4">现场的硬质遮拦是否设置唯一通道</td><td colspan="2"></td><td colspan="2">工作地点的接地线是否包围工作范围</td><td></td></tr>
<tr><td rowspan="2">6</td><td colspan="4">检查安全工器具试验日期、试验卡是否在现场和有效</td><td colspan="2"></td><td colspan="2">检查器具出入库记录是否与现场使用一致</td><td></td></tr>
<tr><td colspan="4">检查滑车保险扣、绳套插接深度是否有效</td><td colspan="2"></td><td colspan="2">试验所用的二次铜质接地线是否编号登记</td><td></td></tr>
</table>

续表

<table>
<tr><td>检查人员</td><td></td><td>被检查工作负责人</td><td></td><td>检查时间</td><td></td><td>检查工作现场名称</td><td></td></tr>
<tr><td>序号</td><td colspan="3">检查内容</td><td>检查情况</td><td colspan="2">检查内容</td><td>检查情况</td></tr>
<tr><td rowspan="2">7</td><td colspan="3">检查工作负责人、专责监护人同时在工作现场</td><td></td><td colspan="2">检查到位干部是否持卡监督，与检修计划安排是否一致</td><td></td></tr>
<tr><td colspan="3">检查工作负责人、班组人员变更手续是否齐全</td><td></td><td colspan="2">检查工作负责人是否在工作现场，是否参与了具体的作业</td><td></td></tr>
<tr><td>8</td><td colspan="3">特种作业人员是否有特种作业证，证件审验是否到位</td><td></td><td colspan="2">外来人员入场培训考试文件、签发及负责人备案是否齐全</td><td></td></tr>
<tr><td rowspan="2">9</td><td colspan="3">现场的医疗用品是否到位，有无台账</td><td></td><td colspan="2">现场使用的消费器材是否到位，有无过期</td><td></td></tr>
<tr><td colspan="3">电焊机等是否接地，漏电保护开关是否装设</td><td></td><td colspan="2">转动设备的防护罩是否配置安装</td><td></td></tr>
<tr><td rowspan="2">10</td><td colspan="3">检查“两穿一戴”是否规范</td><td></td><td colspan="2">检查临街临路标识是否摆放齐全</td><td></td></tr>
<tr><td colspan="3">检查易燃易爆气瓶是否正确存放</td><td></td><td colspan="2">检查高空作业时，是否使用传递小绳</td><td></td></tr>
<tr><td>备注</td><td colspan="7">1. 在检查情况栏采取打√的方式。
2. 上述问题根据打√情况进行统计，有几项就是几项违章。
3. 上述违章发现后，对工作负责人和部门人员进行联责考核和违章积分扣除。
4. 检查发现问题后，必须和工作负责人当面沟通，讲解清楚。
5. 检查后双方进行问题交底时，必须进行工作录音笔录音</td></tr>
</table>

附录 C

安全生产管理“十监督”检查卡

<table>
<tr><td>检查人员</td><td></td><td>被检查工作负责人</td><td></td><td>检查时间</td><td></td><td>检查工作现场名称</td><td></td></tr>
<tr><td>序号</td><td colspan="3">检查内容</td><td>监督人签字</td><td colspan="2">检查内容</td><td>监督人签字</td></tr>
<tr><td>1</td><td colspan="3">安全工器具试验合格</td><td></td><td colspan="2">施工机具试验合格</td><td></td></tr>
<tr><td>2</td><td colspan="3">倒闸操作票正确性</td><td></td><td colspan="2">工作票所列措施正确性</td><td></td></tr>
<tr><td>3</td><td colspan="3">现场勘测记录中的邻近带电设备复查</td><td></td><td colspan="2">现场施工中交叉跨越复查</td><td></td></tr>
<tr><td>4</td><td colspan="3">现场编制检修方案“三措”编审批</td><td></td><td colspan="2">现场编制检修方案措施正确性</td><td></td></tr>
<tr><td>5</td><td colspan="3">工作现场两交底中措施交代是否清楚</td><td></td><td colspan="2">工作现场两交底人员签名</td><td></td></tr>
<tr><td>6</td><td colspan="3">工作现场危险点分析及预控措施落实</td><td></td><td colspan="2">工作现场各类风险落实措施</td><td></td></tr>
<tr><td>7</td><td colspan="3">工作现场中装设接地线是否正确</td><td></td><td colspan="2">工作现场中装设个人安保地线是否正确</td><td></td></tr>
<tr><td>8</td><td colspan="3">工作现场到位人员是否按要求到位</td><td></td><td colspan="2">工作现场工作负责人是否按要求到位</td><td></td></tr>
<tr><td>9</td><td colspan="3">工作现场标准化作业卡按照现场实际制定</td><td></td><td colspan="2">工作现场标准化作业卡现场按流程执行</td><td></td></tr>
<tr><td>10</td><td colspan="3">工作现场外来作业人员进行安规考试培训</td><td></td><td colspan="2">工作现场外来作业人员进行现场培训</td><td></td></tr>
<tr><td>备注</td><td colspan="7">1. 在检查情况栏采取签名的方式。
2. 上述工作卡，谁到现场，不论是公司值周队伍，还是公司领导，必须持卡监督，并签字，谁监督谁负责。
3. 发现问题后，对工作负责人和部门人员、监督人员进行联责考核和违章积分扣除。
4. 检查发现问题后，必须和工作负责人当面沟通，讲解清楚。
5. 检查后双方进行问题交底时，必须进行工作录音笔录音</td></tr>
</table>